DEUXIÈME PARTIE

PLANTES CRYPTOGAMES

VASCULAIRES ET CELLULAIRES

FLORULE DU MONT-BLANC

OU

GUIDE DU BOTANISTE ET DU TOURISTE

SUR LES ALPES PENNINES

Excursions phytologiques (Fougères Ferns)

PAR

VENANCE PAYOT

NATURALISTE

Ancien maire et actuellement membre de la Société géologique et
botanique de France, ainsi que de plusieurs autres Sociétés savantes.

GENÈVE

HENRI TREMBLEY

LIBRAIRE-ÉDITEUR

4, rue de la Corraterie, 4

1881

SOUS PRESSE

DU MÊME AUTEUR :

La Florule bryologique des environs du Mont-Blanc ou Études bryo-géographiques des Alpes pennines.

La Florule hépaticologique des environs du Mont-Blanc ou Études hépatico-géographique autour du massif des Alpes pennines et des montagnes adjacentes.

La Florule lichenologique ou Guide du Lichenologue au Mont-Blanc et sur toute la chaîne des Alpes pennines.

LES FOUGÈRES

DES ENVIRONS DU MONT-BLANC

DEUXIÈME PARTIE

PLANTES CRYPTOGAMES

VASCULAIRES ET CELLULAIRES

FLORULE DU MONT-BLANC

OU

GUIDE DU BOTANISTE ET DU TOURISTE

SUR LES ALPES PENNINES

Excursions phytologiques (Fougères Ferns) *108.999*

PAR

VENANCE PAYOT

NATURALISTE

Ancien maire et actuellement membre de la Société géologique et
botanique de France, ainsi que de plusieurs autres Sociétés savantes.

GENÈVE

HENRI TREMBLEY

LIBRAIRE-ÉDITEUR

4, rue de la Corraterie, 4

1881

PRÉFACE

La deuxième édition du *Guide du Phytologiste*, que je présente aujourd'hui aux botanistes et aux nombreux touristes qui visitent les incomparables et majestueuses beautés naturelles de cette partie des Alpes qu'on nomme Pennines, que la Toute-Puissance s'est plu à répandre avec une incontestable profusion sur cette grandiose chaîne du Mont-Blanc, comme pour rehausser la splendeur de ce vaste champ cahoteux de la plus grandiose splendeur, a été exploré depuis plus de trente-cinq années par de continuelles et persévérantes recherches, qui ont heureusement enrichi la science non-seulement d'un grand nombre d'espèces, de variétés, mais encore de localités nouvelles, que cette Florule a pour but de faire connaître aux botanistes et aux nombreux touristes qui semblent attacher plus d'importance et d'attention à cette classe de végétaux, qui méritent, en effet, la prédilection avec lesquelles elles sont aujourd'hui préférées et recherchées, tant à cause de leurs formes qu'à la variété de leurs structures ou de leurs facilités à végéter pendant de nombreuses années sans s'altérer.

J'ai été favorisé de l'amitié, pendant l'élaboration de la première édition de ce travail, des lumières de l'auteur de la *Monographie* sur cette classe de végétaux, par feu M. le Dr Wild de Meran, qui a aussi revu mes types d'Equisetacées. Dans cet opuscule *Phytogéographique*, les hauteurs seront toujours exprimées en mètres au-dessus du niveau de la mer.

Les limites circonscriptives sont, comme dans la première partie de l'ouvrage, Phanerogamiques. Comme toutes les vallées qui entrent dans le champ de notre domaine floral ont été décrites si souvent, je trouve superflu d'y revenir dans cette Florule; ensuite, de longues et persévérantes pérégrinations sur cette partie des Alpes m'ont appris à reconnaître le peu de stabilité des types spéficiques et qu'on doit élargir la variabilité des types, tant par leur hybridation que par le peu de stabilité, selon leur altitude, leur température. Certains auteurs, selon l'école à laquelle ils appartiennent, en font autant d'espèces que de variétés, tandis que d'autres sont d'un scrupuleux rigorisme, n'admettant que de vrais types, auxquels appartiennent les nouveaux qui figurent dans cette nouvelle édition.

DEUXIÈME DIVISION

Classe III. **Acotyledones vasculaires**

ou

LES FOUGÈRES

DES

ENVIRONS DU MONT-BLANC

GUIDE DU PHYTOLOGISTE

FAMILLE DES FOUGÈRES (Ferns)

TRIBU I

PSEUDOFILICINÉES

PREMIÈRE SOUS-FAMILLE DES *OPHIOGLOSSÉES*

1. **Ophioglossum** Tournef. — *Ophioglosse* (Vulg.)

1. **Vulgatum** L. DC., Koch.

Hab. Les pâturages incultes, humides, à quelques minutes de Chamonix, au plus quinze, pour atteindre les prairies incultes entre la forêt et le hameau des Nants, où il devient rare, par suite de l'avidité des phytologistes à s'approvisionner de beaux échantillons avec une facilité qu'il serait difficile de rencontrer ailleurs; mais il s'y trouve en si grande abondance qu'il résistera à sa destruction; sa station le protégera d'ailleurs par la difficulté de trouver son habitation, entre le hameau de Lajoux et la forêt, ou plutôt le long du fond communal, au pied des rochers cristallins anthracifères, à 1250 m.

TRIBU II

EUBOTRYCHIUM

2. **Botrychium** Sw. — *Botryche lunaire.*

2 I. **Lunaria** Sw. Syn. *filei*, DC., Koch.

Hab. Les pâturages secs, découverts, incultes, dans toute l'étendue du domaine floral autour de Chamonix, pâturages des Plans, des Nants, aux Couverets, à Hortaz, aux Gaillands, côte du Mont, aux cascades des Pèlerins et du Dard, montagne de la Corne, Mont-Lachat, pavillon de Bellevue, val de Mont-Joie, nant Borant, col de la Seigne, vallée de Ferret, col de la Forclaz-u r-Trient, vallon d'Entre-les-Eaux, sur le col du Genevrier, au pied du Couvercle, aux Egralets. Altitude inférieure, 1050 m., supérieure, 2300 jusqu'à 2400 m. Fructifie en juin-juillet rarement.

3 II. **Lunaria** *Var. incisa Mild ramosa* Payot.

Hab. Cette remarquable et splendide variété se rencontre à près de 2000 m. d'altitude, dans des pâturages incultes, au pied du Bois-Rond, derrière le pavillon de Bellevue, ayant une fronde de 30 centim. au moins, à segments profondément incisés. Cette autre variété me paraît encore plus remarquable que celle ci-dessus.

4 III. **Lunaria** *Var. ramosa* Payot, 1re édition, *Fougères du Mont-Blanc.* — Par ses segments fertiles, longuement pétiolés, rameux, formant au lieu d'une panicule unilatère stipitée une ombelle, par la longueur des segments fertiles inférieurs, presque aussi longs que la panicule entière; aux stations de la variété précédente. Fructifie en juillet.

5 IV. **Botrychium** *Reuteri* Payot. — Ambigua Reut. à rhizômes peu nombreux horizontaux, à frondes stériles tripartites, à segments de 10 millim. longuement atténués en un pétiole ailé à limbe pinnatifide de 1 à 2, formé de 3 à 5 lobes imbriqués ou incisés lobés; le segment fertile est composé d'une panicule très-menue, portant de 3 à 5 petites ramifications, ayant de 2 à 3 spores.

Hab. Pâturages herbeux et découverts, aux Couverets près Chamonix, entre le Bouchet et le pied de la montagne, sur un

petit mamelon, 1060 m., ainsi qu'à une nouvelle localité découverte en 1880 par M. Ducroy, en très-beaux échantillons bien
caractérisés sur l'alluvion glacière de l'Arveyron. Fructifie en
juillet.

6 V. **Rutæfolium** AL. BRAUN KOCH. *Matricarioïdes,*
Willdn. — Rhizômes à fibres réunies en faisceau très-gros,
jaunâtres, cylindriques; 2 frondes stériles palmées, triangulaires tripartites; le segment fertile est composé d'une très-
petite grappe de fructification, disposée en panicule rameuse
et comme triangulaire.

Hab. Les pâturages secs, frais, au Bouchet de Chamonix, près
Hortaz, terrain siliceux. Août.

Observation. C'est en 1846 que je fis la découverte de cette plante rare,
j'en cueillis un très-petit nombre d'exemplaires, afin de ne pas détruire sa
propagation; malgré tous ces ménagements, je ne l'ai plus revue jusqu'au
28 octobre 1862, où je fus assez favorisé pour la retrouver dans une station
au Bouchet, peu éloignée de la première; seulement au lieu d'être dans la
forêt d'aulnes, il s'est trouvé deux splendides échantillons dans le bois de
sapins, en face des Couverts, au Bouchet.

TRIBU III

POLYPODIÉES

3. Ceterach. — *Willdn*

7. I. **Officinarum** CH. BAUHIN DC. *Féc Asplenium*
ceterach Linn. Scolopendrium ceterach *Sw.* Grammitis *Sw.*
Gymnogramma Sprengel.

Hab. Vallée moyenne de l'Arve-Faucigny à la Côte, aux
alentours de Bonneville, au-dessus de l'église, au-dessus de La
Roche, assez fréquente an revers méridional de cette chaîne,
toute la vallée d'Aoste jusqu'à Saint-Didier près Courmayeur,
aux limites Nord-Est de cette chaîne à Vernayaz, la Batiaz.
Fructifie en mai. Altitude supérieure, 450 m.

4. Polypodium Lin. — *Polypode commun.*

8. I. **Vulgare Bauhin** LIN., SW. DC.

Hab. Toutes les vallées comprises dans les limites de ce guide
sur les rochers ou les blocs ombragés de sapins, Sainte-Marie-

au-Fouilly, autour de Chamonix, Hortaz, sous la cascade du Fouilly, en face de Chamonix, et partout sur les rochers ombragés jusqu'à 1050 et 1500 m. d'altitude. Fructifie de mai à septembre.

9 II. **Phœgopteris** Lin., Sw., DC., *Phœgopteris, vulgaris Fée. Lastrea phœgopteris Nervm. Polystichum phœgopteris Roth., Phœgopteris vulgaris Mett.*

Hab. Lieux rocailleux, boisés, ombragés ou découverts, dans toutes les vallées comprises dans notre domaine floral. Cette espèce est une des plus communes de cette famille au septentrion de cette chaîne, autour de Chamonix au Bouchet, en allant à Hortaz, au Montanvert, aux cascades du Dard, des Pèlerins ; s'élève même jusqu'à une altitude maximum de 1500 m.

10 III. **Dryopteris** Lin., Sw., Hoff. *Lastrea dryopteris neum, dryoptère, phœgopteris, dryopteris fée gen fil.*

Hab. Les vallées du rayon floral de ce Guide, les rocailles du revers septentrional, notamment fréquent autour de Chamonix, au Bouchet, en allant au Hortaz, à la mer de Glace, aux cascades, aussi commun que le précédent, si ce n'est plus, dans la vallée de Chamonix, certainement bien plus abondant qu'aux alentours de Courmayeur, quoique assez fréquent jusqu'à 1500 m. d'altitude. Fructifie Juillet-août.

11 IV. **Robertianum** Hoffm. (P. de Robert). *P. Calcarum Smith, Lastrea Robertiana* ou *Calcarea Newm, Phœgopteris, Calcarea Fée.*

Hab. Débris de rochers calcaires des vallées de notre champ d'exploration, commune aux deux revers de cette chaîne, autour de Chamonix, au Biolet, chemin de la cascade du Fouilly, à deux minutes seulement de Chamonix, où on peut cueillir les plus beaux exemplaires qu'on puisse rencontrer, avec des frondes triangulaires ayant jusqu'à 30 centim. de diamètre ; les débris du terrain calcaire triassique (Gargneule) du Biolet, aux côtes du pavillon de Bellevue, sous le Platet, au-dessus de la Charbonnière et la base de toute la chaîne des Fys, sur le vallon de Servoz, aux gorges de la Diozaz et du pont Pellissier ; au levant de cette chaîne il est peut-être encore plus abondant, autour de Courmayeur, à la base du Mont-Chétif, de la Saxe, du Mont-Frety ; il diffère peu du précédent ou seulement par ses

frondes plus robustes, dressées, noirâtres, plus longuement
acuminées, pubescentes glanduleuses sur le rachis et la face
inférieure ; spécial aux terrains calcaires ou ne se trouvant
qu'exceptionnellement sur tous les autres, son altitude dépasse
même le précédent, sa limite supérieure s'élève même jusqu'à
2000 m. Fructifie en juin-juillet.

12 V. **Alpestre Sprengel** Hopp., *Rhæticum* Linn. (des
Grisons), *Aspidium alpestre* Hopp.

Hab. Vallées du revers septentrional de cette chaîne, dans les
bois rocailleux et les pâturages entremêlés de sapins, en montant au Brévent, sous les chalets de Plampraz, au Grand-Bois,
en allant aux cascades du Dard et des Pèlerins ou du chemin
des Grands-Mulets, mais il n'est nulle part aussi abondant qu'en
montant aux chalets de l'Ognant, à gauche du glacier d'Argentière, au point qu'on marche pendant plus de trois heures
sur cette jolie fougère, de même qu'on se croirait sous les tro-
piques à la vue de la riche et vigoureuse végétation qu'offrent
les pentes des deux versants du vallon sauvage de la Diozaz. Ici
comme sous les chalets de l'Ognant, ce polypode y forme de
larges touffes sur une assez vaste étendue, presque impéné-
trables, qui ont quelquefois un mètre et demi de largeur, et les
frondes dépassent un mètre de longueur dans les bois de la
Griaz (dans le val Mont-Joie, sur le Bonnant, près de Notre-
Dame-de-la-Gorge, Dr J. Muller), au revers méridional, dans
l'Allée-Blanche, près du lac Combal, à 1600 m. Val Ferret, aux
Plançades, près du Grand Saint-Bernard. Son altitude inférieure est 1060 m., la supérieure à 2000. Fructifie en juillet-
septembre.

Cette espèce se distingue facilement par son port de la *filix
fœmina* comme plus effilée aux deux extrémités ; l'aile est plus
étroite, la fronde offre des pinnules secondaires à peine décur-
rentes à la base, les deux des lobules plus obtuses, les groupes
de capsules arrondis toujours dépourvus d'indusium ou de segments.

5. **Woodsia** R. Brown. — *Wodsie.*

13 I. **Ilvensis** R. Brown, *Achrosticum ilvense* Linn., *Polypodium ilvense* Swartz, *Phægopteris ilvense* Presl. *Woodsia
ilvensis* Schkuhr, *Fée, Mett* Newm.

Hab. Fissures de rochers, surtout felspathiques, des vallées de Chamonix, de la Diozaz, Servoz, du revers septentrional de cette chaîne.

Cette espèce est généralement rare partout, la vallée de Chamonix fait peut-être seule exception à cette règle ; je la considère, sans être tout à fait commune, au moins comme très-abondante dans cette vallée; ainsi nous commençons à la trouver aux premiers rochers, en sortant par la grande route de Genève, en gravissant cette saillie de rochers droit au-dessus de la Scie et de la Fontaine-Ronde des Gaillands ; en continuant de suivre la base de la chaîne des Aiguilles-Rouges, à la droite de la rivière de l'Arve jusqu'à Servoz. Nous pouvons même ajouter que nous l'avons trouvée dans toute l'étendue de cette chaîne, de la base au sommet sur les deux versants, mais surtout en suivant la grande route jusqu'au deuxième pont sur cette rivière, sous Coupeau, et au troisième, ou celui de Sainte-Marie, dans les rochers qui dominent la route, entre ces deux ponts ; vous la rencontrerez à chaque pas, soit dans les fissures ou les débris de ces mêmes rochers, souvent mêlée au *barbula tortuosa*. Si au lieu de traverser le pont on continue de suivre la rive droite de l'Arve par un sentier jusqu'à Servoz, elle se présentera de nouveau presque à chaque pas, même dans la plaine du Bouchet de Servoz, en suivant toujours la même base de rochers jusqu'aux gorges de la Diozaz, où elle se trouve sur plusieurs points si, autant qu'il est possible, on suit ce torrent de la Diozaz, dans toute l'étendue du vallon jusqu'à la source, soit le versant septentrional des Aiguilles-Rouges jusqu'au col de Berard, de même qu'en montant au Buet, au col de Salenton, à la Crase de Berard, elle se trouve également en descendant cette vallée, aux rochers avant de traverser le pont, vers la cascade de Berard, ainsi son altitude varie entre 800 et 2400 m., sur le felspathique cristallin. Fructifie en août-septembre.

14 II. **W. Hyperborea** R. Brown *(Hyperborée)*, *Polipodium hyperboreum* Swartz.

Hab. Dans les débris de rochers, à quelques pas au-dessus de la Grande, à peu près vers le milieu de la distance entre les deux ponts de Sainte-Marie et de Coupeau, sous les Houches.

Cette forme serait beaucoup plus rare, puisque je ne connais que cette seule localité où elle croit en abondance, en **magnifiques** échantillons environnés par la précédente. Elle se distingue facilement par son port et sa fronde pinnatifide triangulaire à lobes entiers obtus et plus développés. Fructifie en août-septembre.

W. *Hyperborea varietas Glabella*, R. Brow.

Hab. Fissures de rochers du sommet des Aiguilles-Rouges, sur la Flégère. à 2200 m. d'altitude. Variété due à l'influence de son altitude.

DEUXIÈME SOUS-FAMILLE DES *POLYPODIACÉES*

6. **Polystichum** Roth. — *Polystic.*

15 I. **Thelypteris** Roth, DC., Koch. *Theliptère Polypodium thelypteris* Lin., *Aspidium Thelypteris* Schkuhr, *Fée Mett* Sw. *Lastrea thelypteris* Presl. *Thelypteris palustris* Schout.

Hab. Marécages de la région moyenne du bassin de l'Arve, aux environs de Bonneville, à la base d'Andey, au delà de Ponchy. Altitude 440 m. Fructifie en septembre.

16 II. **Filix mas** Roth, DC., Koch. *Polypodium (Vermifuge). Aspidium filix maswartz, Fée (Nephrodium Rœp).*

Hab. Lieux pierreux ombragés, très-commune dans toute la région jusqu'à une altitude maximum de 1500 à 2000 m. exceptionnellement. Autour de Chamonix elle est fréquente et abondante.

Polystichum, Aspidium oreoptis Sw.

17 III. **Oreoptis** DC , Koch. *Lastrea Presl. (Oréoptère). Phœgopteris oreopteris Fée, Lastrea Newm.*

Hab. Pâturages découverts ou boisés rocailleux, secs, extrêmement abondante dans toute les vallées comprises dans notre rayon floral, mais principalement dans la vallée de Chamonix, de quelques côtés qu'on se dirige autour du chef-lieu au Biolet, en montant à la cascade du Fouilly, du Dard et des Pèlerins, en allant au glacier des Bossons, aux gorges de la Diozaz, 750 m., autour de Sainte-Marie.

18 IV. **Rigidum** DC., Koch. *Aspidium rigidum* Sw., *roide
Lastrea rigida Presl. Nephrodium fragans* Lin.

Hab. Débris de rochers calcaires seulement, manque sur le cristallin, exclusive à ce terrain dans les limites de cette flore, très-abondante en descendant ou en montant, suivant la base des Fys, entre le col et les chalets d'Antherne et au-dessus du Chapiu, sous le Bonhomme.

19 V. **Cristatum** Roth, P., *Callipteris*, DC., *Aspidium cristatum*, Sw. *Polystic à crête, Fée, Gen., Metten.*

Fronde stérile, ayant d'un côté des pinnules atrophiées, celles qui terminent la fronde sont aussi grandes que les inférieures. Si ce n'est cette espèce, je ne puis l'identifier à aucune autre, mais la regarder comme uue monstruosité.

Hab. Chatelard, près Servoz, Chatelard.

7. **Lastrea** Presl. — *Lastré spinuleux.*

20 I. **Spinulosa** Presl. *Polypodium Cristatum* Lin. *Aspidium spinulosum et dilatatum Swartz, Fée, Dœll, Polystichum tanacetifolium* DC., *et dictatum* DC. *Neprodium spinulosum Rœp. Polystichum spinulosum* Koch.

Hab. Très-commune dans tout notre champ d'étude, dans les bois rocailleux, humides, ombragés. Autour de Chamonix, de quelque côté qu'on se dirige, on est assuré d'en rencontrer jusqu'à 1500 m. et même jusqu'à la région supérieure des sapins. Fructifle en été.

21 II. **Vr. Dilatata** Presl. *Apidium dilatatum* Smith, *dilatée* Sw., Wildn, *Aspidium spinulosum* Sw., Wildn. *Polipodium dilatatum* Hoffm., *P. aristatum* Vill., *Polystichum multiflorum* Roth.

Hab. Plus répandue que la précédente dans notre circonscription, souvent avec des frondes ayant jusqu'à 1 m. de développement, partout aux alentours de Chamonix et le chemin de la Tête-Noire, Sainte-Marie aux Houches, où nous la trouvons dans un état remarquable, au point de lui accorder le qualificatif de L. Multiflora, en raison de sa multiplicité des pinnules, s'élève moins haut que la précédente. Fructifle en été.

V. a. Collina, Payot. — Frondes ayant de grandes similitudes avec le *cristata ;* on pourrait supposer avec quelque vraisemblance que nous aurions affaire à une hybride entre ces deux. Sainte-Marie-aux-Houches. Fructifie en été.

8. **Aspidium** Sw. — *Aspidie lonchite.*

22 I. **Lonchitis** Sw., Schkuhr, Koch, Mett. *Polystichum lonchitis* Roth, DC., Presl., *Fée.*

Hab. Les pâturages rocailleux, les bois ombragés de la région moyenne et supérieure de toute la circonscription, indifférente aux terrains siliceux ou calcaires, très-abondamment à droite de la route, en montant entre Argentière et le hameau du Tour, avant le pont, sur le Bymos, à 1200 m., entre les chalets de la Pendant ou de l'Ognant, à 2000 m., au bas des Gras du Platet ou de la base des rochers de toute la chaîne des Fys, à 1500 m. autour de Pierre à Berard, même altitude au versant méridional, sous les chalets de Praz de Bard, sur les pentes du Mont-Chétif qui dominent les bains de la Saxe, au-dessus de la chapelle de Berryer, dans un bois d'aulnes en descendant le pavillon de Bellevue, les plus beaux échantillons que j'ai rencontré, atteignant jusqu'à 60 cent., ne formant qu'une seule souche avec l'*A. aculœtum*, au pied du Grand-Bois, en allant aux cascades du Dard et des Pèlerins, aussi à quelques minutes de Chamonix, à gauche du nant du Fouilly. En montant au Montanvert, on commence à en trouver aux premiers lacets des Planards, ensuite aux Couverets. près la Fillaz, et son altitude varie entre 1200 et 2000 m. Fructifie en été.

23 II. **A. aculeatum** Swartz, *Polystichum* Roth, *aiguë Polypodium aculeatum* Lin.

Hab. Bois rocailleux, humides de la région moyenne, dans tout le champ de nos explorations, à Sainte-Marie, sous le Fouilly-aux-Houches, Mont-Vautier à Servoz et aux gorges de la Diozaz, Tête-Noire, assez fréquente aux environs de Chamonix, notamment les bois au Biolet.

24 III. **Lobatum** Swartz, Hook, *Polypod. aculeatum* Lin ., *Polystichum aculeatum* Roth, *Presl., Fée.*

. **Hab.** Le type ci-dessus habite plutôt les régions inférieures, tandis que celle-ci croit abondamment dans les bois plus ombragés et humides de la région moyenne, quoiqu'on la trouve également à Sainte-Marie-aux-Montées, avec la précédente à la Griaz, en montant au pavillon de Bellevue, tout le bassin de l'Eau-Noire, à Valorsine, près la cascade de Barberine, gorges de la Diozaz, et rarement au-dessus de 1500 m. Fructifie en été.

Var. angulare Presl., Newm., *Asp. angulare*, Will. *(anguleux)*, *Aspidium angulare* Willdn., Schultz, Kitt., *Aspid. Braunii* Spenner, Metten, *Polystichum Brauni*, Fée Presl., *A. aculeatum, swartzianum* Kock.

Hab. Sainte-Marie à Bocher-les-Côtes, au pavillon de Bellevue. Fructifie en été.

9. **Athyrium** Roth. — *Fougère femelle.*

23 I. **Filix fœmina** Roth, *Aspidium filix fœmina* Lin., *Asplenium* Bern.

Hab. Très-commune dans les bois des sous-Alpes, les broussailles jusqu'aux décombres, autour de Chamonix. De quel côté qu'on se dirige, on est assuré d'en rencontrer, jusqu'à une altitude de 1500 m. au maximum. Fructifie en été.

Filix fœmina V. r. minor Payot.

Hab. Très-molle, bien fructifiée, ayant au plus 10 centim., à pinnules étroitement lancéolées. Les bois de la Griaz et les gorges de la Diozaz. Fructifie septembre-octobre.

10. **Cystopteris** Bernh. — *Cystoptère fragile.*

24 I. **Fragilis Bernh.** *Aspidium fragile* Sw.

Hab. Commune dans tout notre domaine floral, aux endroits pierreux, humides et les rochers ombragés, autour de Chamonix, en allant à la Mer de Glace, aux cascades du Fouilly, du Dard, et des Pèlerins, etc., etc. Fructifie en été.

a) *Var. dentata* Godet *(Cystoptère denté).*

Segments brefs, ovales, les secondaires incisés, lobés obtus, dentés brièvement. Commune également aux alentours de Chamonix, aux Gaillands et pied du Grand-Bois.

b) *Var. Vulgaris* Pay. *Polypodium fragil. commune Polyp. fragilis anthracifolio* Linn., *cyanapifolio et fumarioïdes* Hoffm. *Cyathea fragilis anthracifolia et cyanapifolia* Roth, *Aspidium fragilis*, Sw., DC., Smith.

La plus commune des variétés. Les murs des alentours de Chamonix.

c). *Dichieana Moor.*

À la base de la montagne de la Saxe, sur Courmayeur. Fructifie en été.

24 II. Regia *Var. a Vulgaris (commune) Polypodium regium* Linn. *Aspidium regium* Sw., *Polyp. pedecularifolium* Hoefm. *Cyathea regia Var. fumariæ formis* Kock.

Hab. Fissures de rochers et sur toute la chaîne du versant nord des Aiguilles-Rouges, aux lacs Cornu et du Brevent, au col de Cormet, à la montagne des Faux, les gorges de la Diozaz, les anciennes moraines terminales du glacier de Tacconnaz, au bois Magnin, sous le col de Balme, au Cougnon, à 3 minutes en face de Chamonix, le gros Bechard, sur la montagne de Tacconnaz, au revers méridional de cette chaîne, base de la montagne de la Saxe, sur Courmayeur, vallée de Ferret, Grand Saint-Bernard, Champé, Tète-Noire et Tète-Rouge, dans la vallée de Valorsine, au-dessus de la Payaz. Fructifie en juillet-août.

C. regia. V. b. adiantho nigrum Pay.

Ayant toutes les similitudes avec sa congénère de l'*Asplenium nigrum* par sa fronde un peu noirâtre, presque triangulaire, tout en conservant le facies des *cystoptères*, nous avons affaire à une hybridation entre ces deux parents.

Hab. Vallon de la Floriaz, derrière les Aiguilles-Rouges, à 2200 m. d'altitude. Fructifie en août.

25 III. Alpina Link Presl., Kock (des Alpes), *Polypodium alpinum* Wulm., *Aspidium alpinum* Sw., *Cyathea alpina* Roth.

Hab. Fissures et débris de rochers calcaires ou cristallins indifféremment, vallées supérieures de notre champ d'exploration, près des chalets, dans la vallée de Barberine et d'Amosson, entre les cols de Coux et de Golèze, sur toute la chaîne des Fys, sur toute la ligne des faites, entre les cols d'Antherne et de Leschaux,

sous le Buet, au revers septentrional, dans le vallon d'Entre-les-
Eaux et du col de Genevrier, moins fréquent sur le terrain cristallin, mais par contre est bien plus développé et caractéristique
à la même altitude moyenne de 2200 m. Au revers méridional
de cette chaîne, on le trouve aussi sous les chalets de Praz de
Bard, sous le col de Ferret, de Trocet-Blanc, sur Courmayeur,
dans le vallon du Chapi, autour des chalets de Balme et le flanc
nord du Mont-Catogne, près du col de Balme, sa limite inférieure est à 2000 m., rarement au-dessous. Fructifie en août-
septembre.

26 IV. **Montana** Berhn., Presl., Koch (de montagne),
Cyathea montana, Roth. *Aspidium Montanum* Sw. *Schkur*, DC.

Hab. Habite de préférence les terrains calcaires, toute la
chaîne du Reposoir, du Brezon, du Mont-Méry, près la glacière
de Salaison. L'immortel Haller l'indique dans nos environs, à
Valorsine, sur le chemin, ayant exploré avec attention cette
vallée dans l'espoir de le rencontrer, mais inutilement.

11. **Asplenium.** — *Doradille de Haller.*

27 I. **Halleri** DC., Koch, Mett. *Polypodium fontœnum*
Linn., Athyr., Halleri, Roh., *Aspidium fontanum* Sw.,
Asp., Halleri, Willd.

Hab. Fissures de rochers et les murs, spéciale aux terrains
calcaires, comme la précédente. Vallées inférieures de notre
champ d'étude, sur toute la base des rochers entre Cluses et
Sallanches ; au Mord-Est, en montant les lacets de Salvan et du
vallon de la Combe, sur Martigny, base des rochers des **Fys**,
sur Servoz. Fructifie en été.

28 II. **Adianthum nigrum** Linn., Smith, DC. (noire).

Hab. Débris de rochers de la base de Pormenaz sur Servoz,
au Monthieu, à Bocher, près Sainte-Marie, sous le Fouilly, à la
base du revers occidental des Aiguilles-Rouges, sous Coupeau,
les Houches, aux Ayers, sur Servoz, au revers méridional de
cette chaîne, abondante au village de Dologne, sur les derniers
rochers de la base du Mont-Chétif, dans la vallée de Chamonix, entre les hameaux de Lajoux et d'Argentière, base des
rochers des Chezerys, etc., etc. Fructifie en été.

Adianthum nigrum. Var. a. Serpentini Koch, *autum Pœll. Tauscher.*

Variation à lobes plus étroits, plus écartés, plus finement incisés lobulés, des expositions méridionales de Courmayeur à la base du Mont-Chétif.

29 III. Trichomanes Huds. Linn., Sw. Schkuhr, *Polytric,* DC., Presl., Koch, *Fée* Newm.

Hab. Dans toutes les vallées de notre périmètre, le long des chemins et des routes bordés de murs, de pierres sèches, aux alentours de Chamonix. De quel côté qu'on en sorte, on est assuré de le rencontrer. Fructifie en automne.

30 IV. Trichomanes bifidum *Var. a Ramosum* à fronde divisée dans sa partie supérieure, formant une bifurcation surmontée de deux grands segments dentés en forme de cœur.

Hab. Aux rochers de Sainte-Marie, à droite de l'Arve, entre les deux ponts de Coupeau et de Sainte-Marie, 27 août 1866.

Trichomanes. Var. **3** *incisum,* curieuse variété à segments de sa fronde profondément incisés, lobulés ou primartipartites tronqués à la base ou atténués en un pétiole à peine distinct, avec ses segments pimatifides incisés dentés, à lobes plus ou moins dentés oblongs, rhomboïdaux. Découvert le 4 septembre 1861 aux rochers de Sainte-Mrrie, sous le Fouilly, entre les deux ponts sur Arve.

31 5. A. Viride Sw., DC., Presl., Kock, *Fée* (vert).

Hab. Toutes les vallées de notre champ d'étude, fentes ou débris de rochers, ou même de murs de pierres, surtout calcaires, accidentellement sur le cristallin, Sainte-Marie-aux-Houches, éboulement des Fys, au Mont-Lachat, revers occidental, contre Bionnassay, dans le val Mont-Joie, au pavillon de Bellevue, est abondant surtout dans les murs de pierres sèches, au bord de la grande route entre Chamoaix et Argentière, au lieu dit Les Châtelets, au-dessus de la cantine du Valais, sous le Grand Saint-Bernard, à Courmayeur, revers oriental des pentes du Mont-Chétif, aux moulins des Chavans, à Sainte-Marie-aux-Fouilly, très-abondant sur l'ancienne moraine du glacier de Tacconnaz, terrain siliceux, autour des chalets de

Balme, au-dessus du hameau du Tour, entre 850 et 2300 m.
Fructifie en été.

Viride Var. 3 alpina Schuh (alpine). C'est une forme alpine
de l'espèce précédente, remarquable par son exiguïté due à son
altitude, 2300 m.

32 VI. **Ruta muraria** Lin., Schkuhr, Sw., DC., Presl., Rœpp (des murs).

Hab. Toutes les vallées comprises dans notre domaine, des
deux revers de cette chaîne, aux alentours de Chamonix, aux
murs du jardin du presbytère, à Sainte-Marie, au Bouchet de
Servoz, aux Nants, environs de Courmayeur, la plus commune
dans la région inférieure de notre périmètre. Fructifie tout
l'été.

33 VII. **Germanicum** Weiss, DC. (d'Allemagne), Presl., Rœp., *Fée* Asp., *Alternifolium* Wulf, *Asp. Breynii Retz* Sw., Schkuhr, Koch.

Hab. Fentes de rochers et les murs de pierres sèches, autour
de Chamonix, où il est abondant comparativement aux autres
contrées, où il est considéré comme une espèce des plus rares,
au Bouchet de Servoz, à Bocher, Sainte-Marie, entre les deux
ponts sur Arve, à droite, jusqu'à celui de Pellissier, base de la
montagne du Fer, sur et derrière Coupeau, sur les gorges de la
Diozaz, aux Ayers sur Servoz, au-dessus des chalets de la Charbonnière, sous le Platet, sur le flanc méridional de Pormenaz,
sur la Diozaz et en allant au Planoz, au Mont-Lachat, pentes
occidentales, abondant en allant du hameau des Plans à celui
des Nants, à quelques minutes de Chamonix, dans les vieux
murs à l'entrée de ce dernier hameau, aux Gaillands, à 25 minutes de Chamonix, du côté opposé au précédent, aux premiers
rochers sur la route de Genève; en suivant la base de cette
montagne, à droite de l'Arve, jusqu'à Sous-Merlet, et surtout
jusqu'à Sainte-Marie, où il est également abondant, comme aux
Chaudérons, vieux mur qui longe cette maison isolée sous la
forêt, touchant le chemin du Brevent, à quelques pas au-dessus
de la campagne du Chalet, et même en allant à cette maison
de campagne du Chalet par l'ancien chemin, dans les murs de
pierres sèches.

34 VIII. **Septentrionale** SWARTZ, DC., KOCH, PRESL.,
Septentrionale, Acrostichum Septentrionale LINN., *Acropteris*
LINK.

Hab. Toutes les vallées de notre domaine floral, les rochers
et les vieux murs de pierres sèches, au Bouchet de Servoz, à
Bocher et surtout à Sainte-Marie-du-Fouilly, aux Gaillands, aux
Chauderons, à quelques minutes au-dessus de Chamonix, ainsi
que dans tous les abords immédiats du bourg de Chamonix,
Argentière, entre les hameaux des Plans et des Nants, le long
de la grande route, entre les deux hameaux, et jusqu'à Martigny, notamment entre le hameau des Thynes à Tête-Noire,
tout le val de Mont-Joie et les environs de Courmayeur, où il
est moins abondant qu'au septentrion de cette cha:ne. Fructifie
en août-septembre.

12. **Notochlœna** R. Brown — *Notochlœne de Maranté.*

35 I. **Maranthœ** R. B., PRESE., KOCH, *Fée. Acrostichum
Marantæ* LINN., *Ceterach* DC.

Hab. Bassin supérieur de la Doire, sur les murs et les rochers
humides ombragés ou découverts, environs d'Aoste, et surtout
à la base du flanc septentrional de cette vallée, entre le pont
d'OEil et Villeneuve, dans le vallon de Fénis, entre Saint-Marcel
et Saint-Fénis, seule localité connue dans la chaine des Alpes
Pennines.

13. **Allosorus.** — *Allosore crépu.*

36 I. **Crispus** BERNH., *Pteris Crispa* ALL., *Osmunda Crispa*
LINN., *Acrostichum Crispum* VILL., *Gymnogramma Crispa,*
Cryptogamma R. BR.

Hab. Espèce spéciale aux terrains cristallins siliceux, en raison de son extrême abondance dans tous les environs immédiats
autour de Chamonix, jusqu'aux plus hautes sommités, partout,
de quelque côté qu'on se dirige, toujours dans les éboulis des rochers siliceux, autour de Chamonix, aux Plans, les Grandes-
Places, au Bouchet, en allant au Montanvert, à la Flégère, au
Brevent, aux cascades du Dard et des Pèlerins, mais nulle part
aussi abondante qu'en montant à Plampraz, sous le Brevent,

au lieu dit le Queyzet, au Grand Saint-Bernard ; aux environs de Courmayeur, il est bien moins abondant. De 1050 à 2300 m. Fructifie de juillet à septembre.

14. **Cheilantes** Sw. — *Cheilanthe odorant.*

37 I. **Odora** Sw., Presl. *Fée. Adianthum odorum* DC.

Hab. Revers méridional de cette chaîne, bassin moyen de la Doire, aux environs d'Aoste, entre cette ville et le château des Aimaville. Seule localité connue dans notre circonscription.

15. **Scolopendrium** Smith. — *Scolopendre officinale.*

38 I. **Officinarum** Swartz, Presl., Rœp., Koch, *Fée* Scol., *officinale* DC.

Hab. Bassin moyen de l'Arve entre Bonneville, Sallanches et le Fayet, près Saint-Gervais-les-Bains, surtout dans les lieux ombragés, humides, sous les brouissailles, à Vougy et Ponchy et les environs d'Aoste, et toute la vallée jusqu'à Morgex. Sa limite altitudinale est entre 450 et 600 m. Fructifie en été.

16. **Blechnum** Lin. — *Blechne commun.*

39 I. **Spicant** Roth, DC., Koch, Newn. *Osmunda Spicant* Linn., *Acrostium Spicant* Viel.

Hab. Toutes les vallées comprises dans le rayon de notre domaine floral, dans les bois ombragés humides, parmi la mousse ou les rocailles, fréquente autour de Chamonix, de quelque côté qu'on se dirige par l'avenue du Montanvert, au Bouchet, au Biolet, en allant aux cascades du Dard et des Pèlerins, et surtout à Sainte-Merie aux Houches, sous le Fouilly, sur les deux rives de l'Arve jusqu'à Servoz, en allant à la Tête-Noire, par Entre-les-Champs, sur Argentière, toute la vallée du Mont-Joie jusqu'à Notre-Dame-de-la Gorge, le Nant, Bouvrant et les environs de Courmayeur, où il est moins fréquent qu'au septentrion de cette chaîne, entre les prés de Venis et Entrèves. Fructifie de juillet à septembre.

Spicant Var. ramosum Payot. — Fronde stérile, subdivisée dans sa partie supérieure jusqu'au milieu de sa fronde en di ou trichotome rameuse, variété accidentelle que je n'ai rencontrée qu'une fois malgré des milliers d'exemplaires observés, malgré 35 années de constantes explorations.

TRIBU DES PTÉRIDÉES

17. **PTERIS** Lin. — *Ptéride impériale.*

40 I. **Aquilina** Lin. Sw., DC., Koch, *Fée.*

Hab. Toutes les vallées de notre circonscription, lieux très-secs ou même humides, sablonneux, ou les débris de rochers. Sa limite altidunale ne dépasse pas, dans la vallée, celle de 800 m., comme à Sainte-Marie-du-Fouilly, au Bouchet de Servoz, fréquent dans ce vallon jusqu'à la partie inférieure de Chamonix, du val Mont-Joie et Courmayeur. Fructifie d'août en octobre.

18. **Adianthum** Lin. DC., Boch, Fée. — *Adiante capillaire.*

41 I. **Capillus veneris** Lin.

Hab. Lieux pierreux, humides, au bord des sources ou des fontaines, des limites du Nord-Est et du Sud-Est, des bassins moyens de la Dranse et de la Doire, à Ravoire, sur le château de la Batiaz, versant méridional du vallon de la Combe et les environs à'Aoste, jusque près de Courmayeur.

TROISIÈME FAMILLE DES *EQUISETACÉES*

19. **Equisetum** Lin. — *Prêle des champs.*

1 I. **Arvense** Linn.

Hab. Les champs humides, sablonneux, dans toute l'étendue de notre domaine. Eté.

2 II. **Elongatum** Wild., W.-J. Hook, Walker, Arnott, *E. Mackai* Newm, *E. Trachyodon* Braun, *E. Telmateya* Ehrh., *E. Fluviatile* DC., *E. Fluviatile* Linn., *E. Limosum* Lin., Var., *E. Fluviatile* Vaucher, Fries, Smith.

Hab. Vallée moyenne de l'Arve, plaines de Passy et de Servoz, rive gauche de l'Arve, entre le Fayet et Sallanches. Altitude supérieure, 850 m. Fructifie avril-mai.

3 III. **Hiemale** Linn, Vaucher P. (d'hiver), *E. lœvigatum* Al. Braun, *E. Hiemale Var.*, *E. variegatum* Newm., *E. variegatum* Schl.

Hab. Les bois ombragés humides, au Mont-Vautier sur Servoz et le bassin moyen de l'Arve au lac Sous-Vaudagne, col de Balme, entre 700 et 800 m. d'altitude supérieure. Fructifie en mai-juillet.

4 IV. **Limosum** Lin. (des limons).

Hab. Les marécages de tout notre domaine inférieur et moyen, jusqu'à 1200 m. A Entre-les-Champs.

5 V. **Palustre** Linn. (des marais). *E. palustre var. polystachyon* Villars, *E. palustre var. gracile* Spenner, *E. pannonium* Wild.

Les marécages en montant au pavillon de Bellevue, val Mont-Joie, allée Blanche, val Ferret et en général toutes les vallées autour du Mont-Blanc jusqu'à une altitude supérieure de 1200 m. Comme à Entre-les-Champs, fréquente dans toute la vallée de Chamonix, en sortant du bourg au bord de la route jusqu'à Argentière, au Bouchet, au Praz, aux Couverets, Hortaz.

Observation. Les types de cette famille ont eu le mérite de recevoir le contrôle de MM. Duval et Jouve, ainsi que M. le docteur Mild, et lui ont servi de point de comparaison.

6 VI. **E. Sylvaticum** Lin. (des bois). *E. stipulacum* Schleich in litteris Vaucher, *E. paleacum* Schleich.

Hab. Assez fréquente dans la vallée de Chamonix, aux endroits ombragés, humides et rocailleux, les champs de toutes les vallées de notre domaine floral, autour de Chamonix, à Hortaz, etc., etc, Jusqu'à 1500 m., sa limite supérieure. Mai-juin.

7 VII. **Telmateya** Ehrh. (des marécages). *E. tenue* Hoppe, *E.*

Hab. Lieux ombragés sur la lisière des bois, en montant au col de Balme, et fossés de la région inférieure, bassin de l'Arve. Fructifie en mai.

— 19 —

8 VIII. **Variegatum** SCHLEICH, BLUM (panachée).

Hab. Assez abondante dans le périmètre moyen de notre circonscription, notamment sur le sable fin, siliceux, le long de
l'Arve, depuis sa source jusqu'à son embouchure au Rhône,
Saint-Martin, 600 m., le Bouchet de Chamonix, 1050 m., au
pied du glacier du Tour, 1200 m., pied de Coupeau et entre le
col et les chalets d'Antherne. Sa limite supérieure, 2200 m.
Juillet-Août.

Observation. L'E. elongatum et l'espèce ci-dessus paraissent être des
variations spécifiques de l'E. hiemale.

QUATRIÈME FAMILLE DES *LYCOPODIACÉES*

20. **Lycopodium** Lin. — *Lycopode.*

1 I. **Selago** LIN., DC., FL., FR., KOCH, *Selagine.*

Hab. Toutes les vallées comprises dans le rayon de ce Guide,
les rochers ombragés, boisés des forêts de sapins, Sainte-Marie
au Fouilly, 900 m., dans les petits cours-d'eau en face de
Pierre à Berard, 2200 m., Mont-Lachat, 1500 m., au Brevent,
entre Plampraz et la cime, 2000 m., au pied de l'aiguille des
Charmoz, dans les bois au Biolet Cougnon, en face de Chamonix, 1050, entre 800 et 2000 m. Juin-septembre.

2 II. **Inundatum** LIN., DC., KOCH (des marais).

Hab. Les pâturages marécageux, tourbeux, des vallées de
Chamonix, Valorsine, à deux minutes de Chamonix, en sortant
par l'avenue de la Mer de Glace au Bouchet, où il est très abondant, ainsi qu'aux Mélèzes de Valorsine, sur le chemin de la
Tête-Noire, au delà des Montets, autour du chalet ou du pavillon,
dans les petits cours-d'eaux qui descendent du Buet, en face de
Pierre à Berard, entre 1050 à 2000 m. Fructifie de juin à septembre.

3 III. **Annotinum** LIN. (à feuilles de genevrier).
Hab. Assez fréquent dans toutes vallées comprises dans notre

périmètre floral, surtout dans celle de Chamonix, en allant à la source de l'Arveyron, passant par le Bouchet, Hortaz, où il est aussi très abondant, dans les pàturages boisés, ombragés par les bruyères et les sapins, ainsi que les endroits recouverts de mousses. Fructifie de juin à juillet jusqu'à la fin de septembre.

4 IV. **Complanatum** LINN., DC., KOCH (à feuilles planes).

Hab. Sous les arbustes et les bruyères des lieux secs et boisés, en montant à la Parssaz par le couloir des Nants, sous la Pierre à L'Orbée, aux Brons, sous les Tartiffyres, près de l'ancien chemin du Brevent, à 1600 m. Fructifie en août-septembre.

5 V. **Alpinum** LIN., DC., KOCH (des Alpes).

Hab. Toutes les vallées comprises dans notre Guide, dans les lieux secs, même humides, sous les bruyères boisées ou découvertes, dans les petits cours-d'eau qui descendent du Buet, en face de Pierre à Berard, à 2200 m., sur le flanc méridional de Pormenaz, tourbières du Plànoz, aux Mélèzes de Valorsine, autour du pavillon Chalet, moraine latérale gauche de la Mer de Glace, entre le Montanvert et l'Angle. Sous les rhododendrons, en montant au col de Balme, au Bouchet de Chamonix, en allant à la source de l'Arveyron, avec les précédents, col de Vozaz, pavillon de Bellevue, et Mont-Lachat, en montant au Brevent; depuis et autour des Vœux-sous-Plampraz, au Grand Saint-Bernard, assez fréquente dans notre rayon et surtout indifférente quant aux terrains et aux altitudes, puisque nous la trouvons depuis 1050 à 2500 m.

6 VI. **Clavœtum** LINN, DC., KOCH (commun).

Hab. Les bois couverts et surtout tapissés de mousses, au milieu desquelles il semble rechercher leur voisinage. Comme tous ses congénères, il est abondant au Bouchet de Chamonix, qui paraît être la localité de prédilection pour cette famille, puisque toutes les espèces s'y rencontrent, à l'exception d'une seule, la plus rare de toutes dans nos parages, le *L. complanatum*. Celle-ci n'est pas plus abondante que ses congénères dans cette localité, favorisée non seulement par les espèces de cette famille, mais par celles qui vont suivre. Fructifie en juin-juillet.

21. **Selaginella** Sprengel. — *Selaginelle.*

7 I. Spinulosa Braun, Koch. *Lycopodium selaginoïdes* Linn.

Hab. Pâturages secs des vallées du revers septentrional de cette chaîne au Bouchet, à Hortaz, en allant à la source de l'Arveyron, aux Mélèzes de Valorsine au delà des Montets, autour du pavillon Chalet, dans les stations des précédentes, à Berard, entre les petits cours d'eau qui descendent du Buet.

8 II. Helvetica Sprengel, Koch, *Lycopodium, Helveticum* Linn, DC. (helvétique).

Hab. Les pâturages, les fissures de rochers parmi la mousse, dans toutes les vallées de notre domaine floral, Sainte-Marie du Fouilly, aux Houches, sur toute la route entre Chamonix et Tête-Noire, au Tour, aux Pozettes, au col de Balme et surtout au Bouchet de Chamonix, en allant à Hortaz et à la source de l'Arveyron, au Cougnon, en face de Chamonix, Mont Vautier, à Servoz, nant Borant. Cette espèce est sans contredit la plus fréquente entre ces altitudes de 600 à 2300 m.

CINQUIÈME FAMILLE DES *CHARACÉES*

22. **Nitella.** — *Nitelle.*

1 I. Syncarpa *Thuill.* (à fruits agrégés). *Nitella capitata* Ag. Wallm. *Chara capitata* Nees.

Hab. De la région inférieure du bassin de l'Arve entre les mares, Reignier, Bonneville, jusqu'à Sallanches, etc.

2 II. Polysperma Al. Braun. *N. fasciculata Amici.*
Hab. Même région que la précédente. Eté.

23. **Chara** Lin. — *Charagne.*

3 I. Fœtida DC., Braun, *fétide.*
Hab. Commune dans notre région moyenne. Les eaux stagnantes, au Bouchet, près de Chamonix, à 1050 m. Eté.

V. v. longi bracteata Al. BRAUN.

Hab. Les eaux chaudes de Courmayeur, de la Saxe et la vallée moyenne de l'Arve, 1150 m. Eté.

4 II. **Fragilis** DESV., *Fragile V. v. elongata kutzing. Ch. pulchella*, WALER.

Hab. Les eaux claires et peu profondes à Courmayeur et Chamonix, région moyenne de notre champ d'étude.

5. II. **Hispida** LINN., *hispide*.

Les eaux claires des fosses de la région inférieure et moyenne du bassin de l'Arve. Eté.

6 IV. **Aspera** WILD. *intertexța des v.* (rude).

Hab. Région inférieure du bassin de l'Arve jusqu'à 700 m.

7 5. **Tomentosa** THUIL. (tomenteuse).

Hab. Marais du bassin moyen, entre Bonneville et Maglan, étangs et mares, 450 et 500 m.

RED. :

16

MIRE ISO N° 1
NF Z 43-007
AFNOR
Cedex 7 - 92080 PARIS-LA-DÉFENSE

0 1 2 3 4 5 6 7 8 9 10

BIBLIOTHEQUE

NATIONALE

DE FRANCE

***

CHATEAU

DE

SABLE

1994

Imprimé en France
FROC032320240919
22241FR00009B/220/P

9 782329 331416